超級神奇的身體

打個不停的嗝

段張取藝　著／繪

超級神奇的身體

2022年11月01日初版第一刷發行

著、繪者　段張取藝
主　　編　陳其衍
美術編輯　黃郁琇
發 行 人　若森稔雄
發 行 所　台灣東販股份有限公司
　　　　　＜地址＞台北市南京東路4段130號2F-1
　　　　　＜電話＞(02)2577-8878
　　　　　＜傳眞＞(02)2577-8896
　　　　　＜網址＞http://www.tohan.com.tw
郵撥帳號　1405049-4
法律顧問　蕭雄淋律師
總 經 銷　聯合發行股份有限公司
　　　　　＜電話＞(02)2917-8022

本書簡體書名爲《超级麻烦的身体 打个不停的嗝》原書號：978-7-115-57462-6經
四川文智立心傳媒有限公司代理，由人民郵電出版社有限公司正式授權，同意經由
台灣東販股份有限公司在香港、澳門特別行政區、台灣地區、新加坡、馬來西亞發
行中文繁體字版本。非經書面同意，不得以任何形式任意重製、轉載。

我當我們吃完一頓大餐，
忍不住「嗝——」了一聲的時候，
實在太令人尷尬了！
打嗝兒 **好麻煩**！

嗝來得好突然

我們總是會在不經意的時候打嗝兒。

飽餐一頓後打嗝兒

一口氣喝兩杯汽水後
打嗝兒

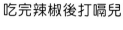

吃完辣椒後打嗝兒

邊哭邊打嗝兒

看電影被嚇到後
打嗝兒

邊笑
邊打嗝兒

邊跑步邊打嗝兒

打完哈欠後打嗝兒

拔牙時打嗝兒

胃疼時不停打嗝兒

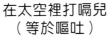

在太空裡打嗝兒
（等於嘔吐）

暈船時打嗝兒

參加吃包子比賽，
吃太快了打嗝兒

捉昆蟲時突然打嗝兒

坐熱氣球時
打嗝兒

在圖書館看書時不停打嗝兒

參加合唱時打嗝兒，
蓋住了所有人的歌聲

嗝的「特異功能」

人人都會打嗝兒，那麼我們或許可以開發一些嗝的奇特用法。

用打嗝兒表示吃得很開心

用嗝聲來唱歌

打嗝兒踩舞步

打嗝兒鍛鍊腹肌

打嗝兒打節拍

根據嗝的氣味看病

用嗝聲互相交流

比誰打嗝兒響

用嗝聲代替鬧鐘叫醒別人

透過大聲打嗝兒
來牧羊

打嗝兒熏暈蚊子

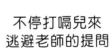

不停打嗝兒來
逃避老師的提問

用嗝熏走壞人

在水裡用很響的嗝聲震暈魚兒

小販打嗝兒吸引路人的注意

嗝從哪裡來？

打嗝兒實在是太常見了，但是我們為什麼會打嗝兒呢？

我們張開嘴巴時，
會吞入空氣。

肚子裡面儲存
太多氣體，會導致
不舒服，讓我們感到
肚子脹脹的，要靠打
嗝兒或者放屁將
氣體排出。

食物在胃裡被
消化時，也會
產生氣體。

當胃內氣體過多或
出現腸胃疾病時，
部分氣體無法從胃
進入腸道，只能原
路返回。

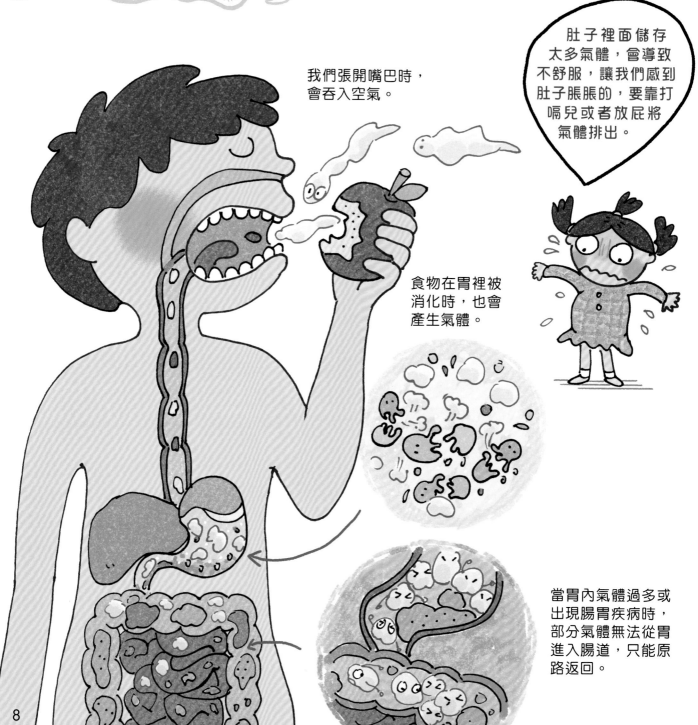

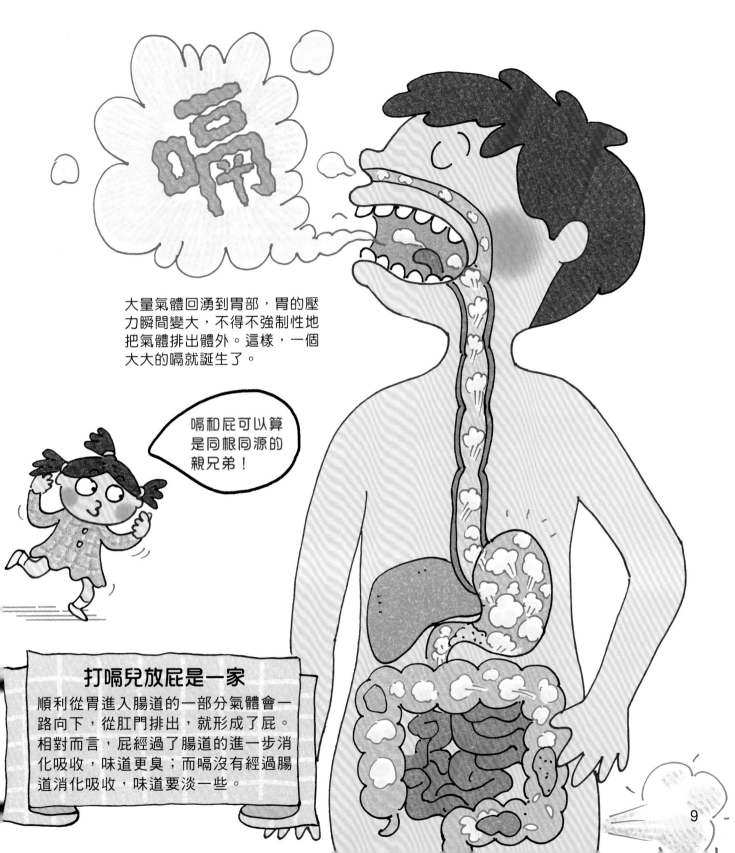

嗝

大量氣體回湧到胃部，胃的壓力瞬間變大，不得不強制性地把氣體排出體外。這樣，一個大大的嗝就誕生了。

嗝和屁可以算是同根同源的親兄弟！

打嗝兒放屁是一家
順利從胃進入腸道的一部分氣體會一路向下，從肛門排出，就形成了屁。相對而言，屁經過了腸道的進一步消化吸收，味道更臭；而嗝沒有經過腸道消化吸收，味道要淡一些。

9

嗝氣壓縮機

我們打出的嗝，都是在橫膈膜的運動下形成的。多數情況下，橫膈膜都在正常工作，幫助我們呼吸。

橫膈膜

橫膈膜是將胸腔和腹腔分隔開的一條肌肉帶，它可以控制胸腔的大小，讓空氣進入或者呼出。

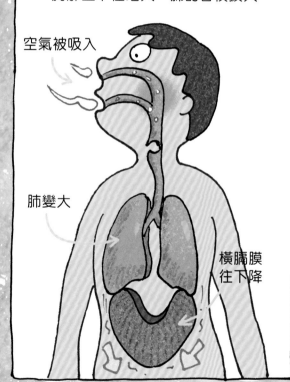

橫膈膜收縮時，橫膈膜頂部下降，胸廓上下徑增大，肺的容積擴大。

空氣被吸入

肺變大

橫膈膜往下降

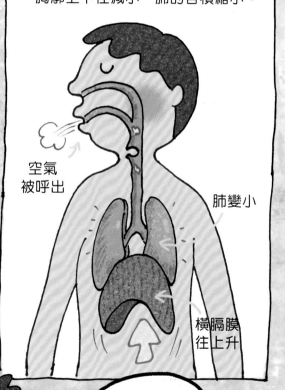

橫膈膜舒張時，橫膈膜頂部上升，胸廓上下徑減小，肺的容積縮小。

空氣被呼出

肺變小

橫膈膜往上升

外界氣體經呼吸道進入肺，這就是「吸氣」。

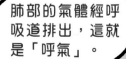

肺部的氣體經呼吸道排出，這就是「呼氣」。

當橫膈膜發生抽搐、工作異常時，就會產生嗝。

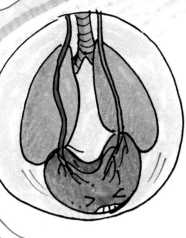

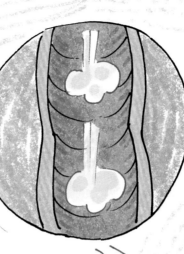

這時，氣體會被突然吸進氣管。

當控制橫膈膜的神經興奮時，神經會刺激橫膈膜，讓橫膈膜不自覺地收縮。

嗝！

聲帶隨之緊縮，整個通道變得非常狹窄，通過聲帶的空氣就會發出「嗝」的聲音。

嗝！

橫膈膜痙攣是指橫膈膜反復收縮和舒張。吃多了、受到驚嚇等都可能導致橫膈膜痙攣。

聲帶
人體發聲的主要器官，位於喉嚨中部，透過聲帶中的空氣振動產生聲音。

正常的聲帶

飽嗝和餓嗝

有時，打嗝兒是這樣的：「嗝——」這就是我們常說的「飽嗝」。

飽嗝

學名叫噯氣，聲音長而舒緩，一次只有一個。吃飯吃得太飽或太快，胃裡的氣體無處可去，只能從嘴裡排出。

嗝

飽嗝總出現在酒足飯飽後。

打飽嗝是一種常見現象。但是，如果經常打飽嗝，可能是消化系統不太好。

有時，打嗝兒是這樣的：「呃！呃！呃！」一直停不下來，人們把這種嗝叫做餓嗝。

餓嗝
學名叫呃逆，聲音短而急促，一次會打很多個。橫膈膜受到刺激，比如大口吸氣、喝大杯涼水、被別人嚇到等，都可能導致橫膈膜發生痙攣，進而發出奇怪的聲響。

呃

呃

呃

呃

餓嗝並不受我們大腦神經的控制，因此我們沒辦法忍住不打餓嗝。

呃

呃

呃

餓嗝的出現和消失往往都很突然。

呃

呃

13

嗝氣催化劑

我們並不想一直打嗝兒，但一些不好的飲食和生活習慣卻是產生嗝氣的「催化劑」，如果不注意，就會讓我們打出更多的嗝。

肉類

油炸食品

甜食

番薯

碳酸飲料

板栗

豆類

這些食物會在胃裡產生很多氣體，再愛吃也要適度呀！

香嗝和臭嗝

我們吃進去的食物，決定了打出來的嗝是香氣撲鼻，還是臭氣熏天。

乳製品

長期以牛奶、乳酪、奶油和奶片等乳製品為食的人，就連打出來的嗝也有奶香味。

茶類

不同種類的茶，可以清新口氣，改善腸道環境，讓嗝也變得清新起來。

富含維C的水果

柑橘、西瓜等水果中含有的維生素C，能在我們的身體裡形成不利於細菌滋生的環境，就算打嗝兒也不臭。

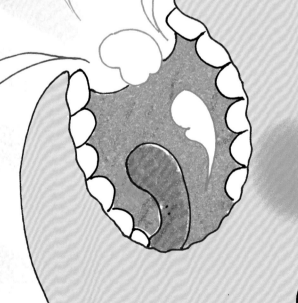

味道很重的蔬菜
吃了大蒜、韭菜、洋蔥等味道很重的蔬菜後，嘴裡往往會留有很重的氣味，打出來的嗝也會「沾」上難聞的味道。

吃了大蒜後，想要打嗝兒的話，記得要把嘴巴緊緊捂住！

牛肉、羊肉
牛肉和羊肉比其他肉類含有更多的蛋白質，因此消化後會產生大量的臭氣，打出來的嗝是臭嗝。

吃完這些食物後，再打上一個大飽嗝，那氣味簡直無法想像！

發酵食物
瑞典的鯡魚罐頭是由處理過的鯡魚自然發酵製成的，帶有濃烈的酸臭味。吃了鯡魚罐頭後，整個消化系統都會殘留酸臭味，打出的嗝也是酸臭的。

17

打嗝兒也要看心情

除了飲食和生活習慣不當，還有哪些原因會導致打嗝兒呢？

緊張時大口
吞嚥空氣

爭吵時不由自主地
深呼吸

擔憂的時候
一直歎氣

大哭時
用嘴巴呼吸

情緒性打嗝兒

主要有兩個原因：一個是在哭泣或爭吵的時候，我們會不自覺地吸入空氣；另一個是腸胃等身體器官的功能會因為不好的情緒而產生紊亂。

著急的時候
大喘氣

怒氣衝天
的時候

太過興奮的時候

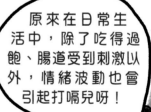

原來在日常生活中，除了吃得過飽、腸道受到刺激以外，情緒波動也會引起打嗝兒呀！

想要減少情緒性打嗝兒，我們可以試試下面這些方法。

時刻保持樂觀的情緒。

看看電視、聽聽音樂，轉移自己的注意力。

多運動，幫助腸胃蠕動，消除脹氣。

因為情緒激動，我們往往忽視了一些細節，以為身體在自作主張地打嗝兒。

等情緒平復下來，打嗝兒也就自然停止。

嗝！

19

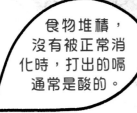

食物堆積，沒有被正常消化時，打出的嗝通常是酸的。

腸阻塞
腸道內食物堆積，消化食物產生的氣體不能通過，只能從口中排出。

消化不良
吃得太飽或汽水喝得太多了。

消化道炎症
食道、胃、腸道等消化器官出現炎症。

中風
大腦對腸胃等處神經調節失控，打嗝兒也不受控制了。

肺炎
肺部的炎症也會刺激橫膈膜，造成呃逆。

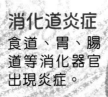

消化道出現炎症時，打出的嗝通常是苦的。

打嗝兒過於頻繁，有可能是疾病所致，要及時去看醫生！

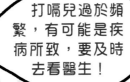

中毒
比如酒精中毒，會刺激到腸胃，導致橫膈膜痙攣。

快速止嗝祕訣

想要快速高效地停止打嗝兒嗎？人們總結了許多實用的小技巧，來看看吧！

蜂蜜水法
加一勺蜂蜜在水中，喝之前要確保攪拌均勻。

屏氣療法
直接屏住呼吸30～45秒。

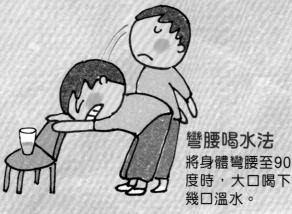

彎腰喝水法
將身體彎腰至90度時，大口喝下幾口溫水。

舌頭下含糖
在舌頭下面含一點兒糖。

紙袋呼氣法
用一個小紙袋罩住自己的口鼻，進行3～5次深呼吸。

這些方法都可以在某種程度上刺激控制橫膈膜的神經，達到緩解橫膈膜痙攣的效果。

嚼服生薑法

將新鮮的生薑片放入口中，邊嚼邊嚥薑汁。

驚嚇法

趁打嗝者不注意，猛拍一下他的後背，注意不能用力過猛。

含水屏氣法

將一大口涼開水含在嘴裡，然後屏住呼吸，等到無法忍受的時候，再將水嚥下，注意不要被水嗆到唷。

直腸

吐氣法

在舌頭上墊一塊乾淨紗布，用手指捏住舌頭往外拉，把腹部的氣體吐出來，注意可能會引起乾嘔。

按摩直腸法

將一根手指伸入打嗝者的肛門，按照圓周運動緩慢地按摩直腸，注意，記得戴手套和洗手呀！

按摩直腸法是目前唯一有醫學依據的止嗝方法。它的發現者弗蘭西斯克·菲斯米爾醫生和馬傑德·歐戴醫生因此獲得了2006年的搞笑諾貝爾醫學獎。

這些方法並不是對每個人都有用，你可以從裡面找到適合自己的止嗝妙招！

23

打嗝兒打出世界之最

1922年，29歲的奧斯本背著一頭300多斤的豬去屠宰場，然而他不幸被豬壓倒，當場暈了過去，醒來後，他開始了長達68年的打嗝兒生涯。

查爾斯·奧斯本
世界上打嗝兒最多的人，同時也是打嗝兒持續時間最久的人。

最初，奧斯本每分鐘大約打嗝兒40次。他的假牙曾經被嗝震落，吃東西時，只能將食物磨碎後「飲用」。

在之後的幾年，奧斯本嘗試了各種治療方法，終於將打嗝兒的頻率降到了每分鐘大約20次。

幸運的是，打嗝兒並沒有影響奧斯本的生活，他依然正常地娶妻生子。

1990年，96歲的奧斯本突然停止了打嗝兒。這段神奇的經歷，使他成為了世界上打嗝兒持續時間最久的人。

24

2009年，英國某電臺舉辦了一個「尋找打嗝聲最響的人」活動，保羅・胡恩創下109.9分貝的打嗝聲紀錄，獲得「打嗝兒大王」的美譽。

保羅・胡恩
世界上打嗝兒打得最響的人。

109.9分貝相當於打雷時的雷聲。

活動結束後，他的打嗝兒分貝不僅被成功載入金氏世界紀錄，還受到了英國熱門節目《英國達人秀》的關注。

打嗝兒有風俗

在不同的文化氛圍裡，同樣的動作可能有不同的含義，打嗝兒就是一個很好的例子。

英國人非常在意公共場合的禮貌，在外打嗝兒一定會用手捂住嘴巴。

在14、15世紀的歐洲宮廷，貴族們被教育不准有打嗝兒、放屁和其他類似的身體行為。

無論是在中國、韓國還是日本，當面打嗝兒都是不禮貌的行為。

儒家文化講究「食不言，寢不語」，吃飯的時候是不能說話的！

世界之大，無奇不有，不同的國家有著不一樣的風俗。

對印度人來說，客人不打嗝兒，說明這頓飯不合胃口，吃得不夠飽。

在阿拉伯的宴席上，人們不用餐具，而是用手抓食物吃，並大聲打嗝兒，以表示他們對食物的讚賞。

因努特人不僅認為打嗝兒是友善的體現，甚至還喜歡客人在飯後放一個響屁，上下都「發聲」，才能體現客人這頓飯吃得開心、滿意。

一個人獨處的時候，當然是想怎麼打嗝兒就怎麼打嗝兒了！

格外特別的嗝

打嗝兒引發爆炸

一名比利時男子在點火吸菸時剛好打了一個嗝，結果噴出的氣體與火花相遇，引起了爆炸。

價值連城的嗝

抹香鯨肚子不舒服時，會「打嗝兒」嘔吐出一些無法消化的異物，這種異物點燃後有異香。古代的漁民認為這是龍流的口水，於是把它命名為「龍涎香」。在以前，龍涎香還是製作名貴香水的原料。

抹香鯨是國家重點保護野生動物，可不要傷害牠們呀！

打嗝兒也是吃飯

長頸鹿有四個胃，牠們休息時，會透過打嗝兒的方式，把第一個胃裡沒有消化的樹葉重新送到口腔裡咀嚼，這樣有利於牠們消化樹葉裡的粗纖維。我們把這種打嗝兒叫做「反芻」。

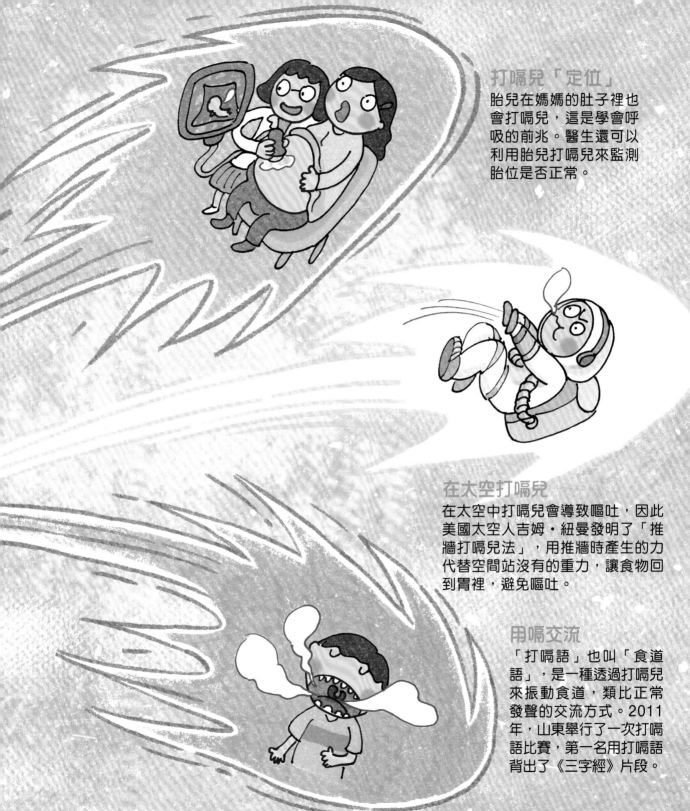

打嗝兒「定位」

胎兒在媽媽的肚子裡也會打嗝兒，這是學會呼吸的前兆。醫生還可以利用胎兒打嗝兒來監測胎位是否正常。

在太空打嗝兒

在太空中打嗝兒會導致嘔吐，因此美國太空人吉姆·紐曼發明了「推牆打嗝兒法」，用推牆時產生的力代替空間站沒有的重力，讓食物回到胃裡，避免嘔吐。

用嗝交流

「打嗝語」也叫「食道語」，是一種透過打嗝兒來振動食道，類比正常發聲的交流方式。2011年，山東舉行了一次打嗝語比賽，第一名用打嗝語背出了《三字經》片段。

打嗝兒惹大禍？

牛羊是哺乳動物中打嗝兒最頻繁的動物，這個打嗝兒的過程叫做「反芻」。牠們的打嗝兒問題，甚至成為了全球關注的社會話題！

牛和羊都有四個胃，牠們不僅吃得多，也透過打嗝兒的方式反芻很多次。健康的牛一般每小時反芻20～40次。

牛和羊每年會排放大量的溫室氣體。其中，有40%是來自消化過程中產生的甲烷。

聯合國糧食及農業組織的資料統計，與運輸業相比，畜牧業產出的溫室氣體更多，其排放的二氧化碳量占全球排放量的18%。

如果把世界上所有的牛打嗝兒排放的溫室氣體加起來，甚至比許多大國的溫室氣體排放總量還要多！

2003年，紐西蘭政府曾計畫讓養殖戶交「打嗝兒放屁」稅，由於遭到反對而放棄。後來，他們培育出了嗝和屁較少的「低甲烷排放量綿羊」。

阿根廷的科學家在牛背上綁了一個塑膠罐，專門收集牛打嗝兒和放屁排出的廢氣，供研究使用。

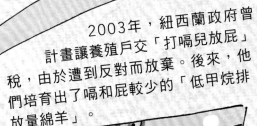
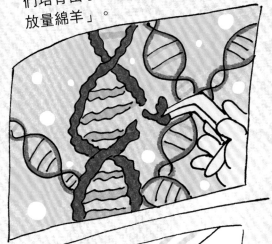

澳大利亞的科學家發現，在牛的飼料中加入某種海藻，會減少牛打嗝兒產生的溫室氣體！

一些牧場主則會使用一種「牛牛版口氣檢測儀」來分析牛的口氣成分。他們定時投放牛喜歡吃的零食，吸引牠們上前，在其張嘴時進行檢測。

2013年，阿根廷的科學家發明了一種技術，可以將牛打嗝兒時排放的甲烷轉變為燃料，每頭牛每天可排出250～300升的純甲烷，足以讓冰箱運轉24個小時。

在學校食堂挑選了喜歡的食物後，肚子早就餓了的你準備怎樣開飯？

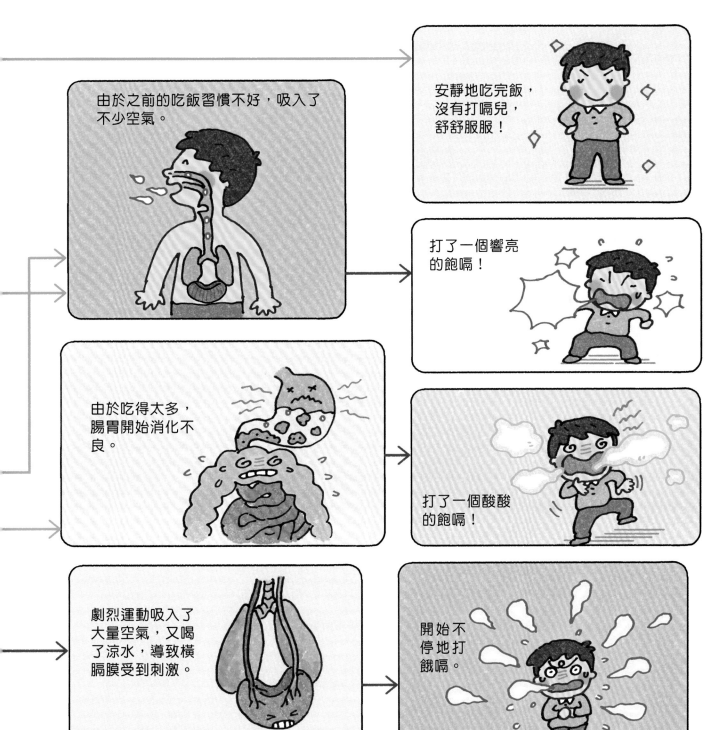

由於之前的吃飯習慣不好，吸入了不少空氣。

安靜地吃完飯，沒有打嗝兒，舒舒服服！

打了一個響亮的飽嗝！

由於吃得太多，腸胃開始消化不良。

打了一個酸酸的飽嗝！

劇烈運動吸入了大量空氣，又喝了涼水，導致橫膈膜受到刺激。

開始不停地打餓嗝。

小遊戲

想想看，下面的哪些食物吃得太多會導致打嗝兒呢？請把它們都圈出來吧！

蛋糕

優酪乳

炸雞

鳳梨

可樂

木瓜

豆漿

米飯

牛排

薄荷茶

黃瓜

炒板栗

烤番薯

口香糖

胡蘿蔔

奇異果

請你判斷一下，下列關於嗝的說法是正確的嗎？
（正確的畫「✓」，錯誤的畫「✗」）

1.胎兒在媽媽肚子裡不會打嗝兒。（　　）

2.人可以用打嗝兒的方式說話。（　　）

3.太空人在太空中不能打嗝兒。（　　）

4.抹香鯨「打嗝兒」噴出的異物可以做香水。（　　）

5.牛打的嗝可以轉化成燃料。（　　）

6.人打嗝兒可能會引發爆炸。（　　）

答案：1.✗ 2.✓ 3.✓ 4.✗ 5.✓ 6.✓

35

作者介紹

 成立於2011年，扎根童書領域多年，致力於用優秀的專業能力和豐富的想像力打造精品圖書，已出版300多本少兒圖書。主要作品有《逗逗鎮的成語故事》、《古代人的一天》、《西遊漫遊記》、《拼音真好玩》、《文言文太容易啦》等系列圖書，版權輸出至多個國家和地區。其中，《皇帝的一天》入選「中國小學生分級閱讀書目」（2020年版），《森林裡的小火車》入選中國圖書評論學會「2015中國好書」。

主創團隊

段穎婷
張卓明
韋秀燕
陳依雪
肖　嘯
王　黎
黃易柳
周旭璠

審讀

張緒文　義大利特倫托大學生物醫學博士
朱思瑩　首都醫科大學附屬北京友誼醫院消化內科醫師

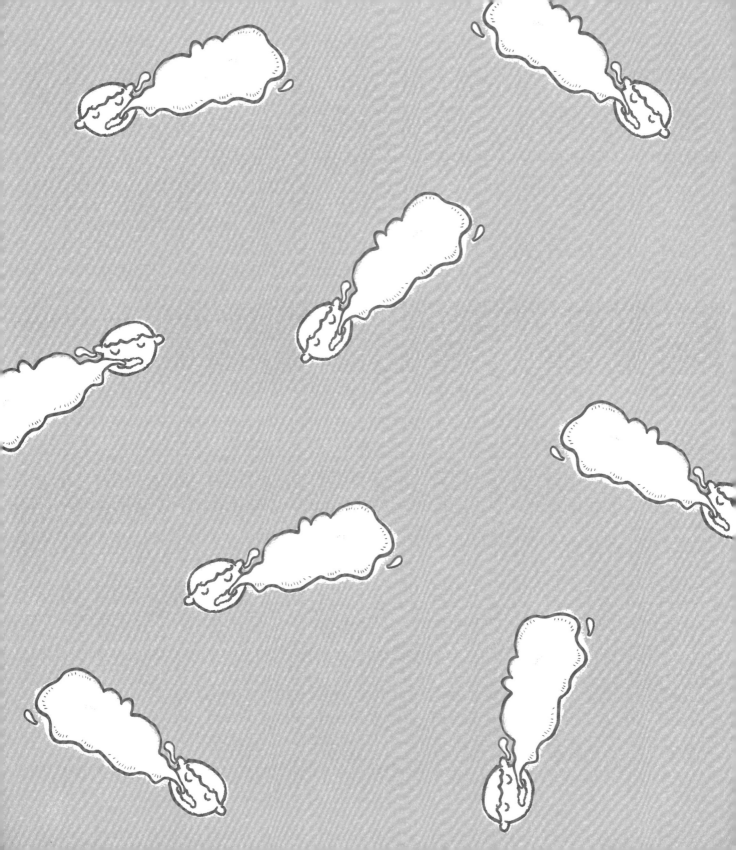